嗷！我是马门溪龙

江 泓 著　十月星辰 绘

我是杨婆婆，是一只雌性马门溪龙。再过 3 个月，我就 150 岁了。我的体长已经超过 25 米，体重高达 20 吨——毫无疑问，我是侏罗纪时期四川地区最大的恐龙！

北京科学技术出版社

5月3日

寿命长是我们马门溪龙的一大特点。作为侏罗纪时期四川地区最大的恐龙，我们还有一个明显的特征：脖子特别长，并且几乎占了身体总长度的一半。

脖子长对我们来说太重要了。我们只要转动长长的脖子，就能把周围的大部分食物都吃进嘴里，特别省事。

5月8日

年轻的恐龙们特别喜欢听我讲故事。我总向他们夸耀，说我身上的伤口全都是大战肉食性恐龙的时候留下的。其实，那些伤口大多是我和其他马门溪龙争夺水源的时候留下的。

4

　　我身上那些比较深的伤痕是一只巨大的永川龙留下的。那时候我还小，永川龙抓住了我，用锋利的牙齿撕咬我的后背。要不是一只成年马门溪龙把我救下来，我就完蛋了。

5

5 月 15 日

　　年龄大了，眼花了，今天我竟然把几只峨眉龙当成了同类。但这不能全怪我，因为峨眉龙与我同属马门溪龙科，亲缘关系很近，长得别提有多像了。

5月25日

清晨，我做了一个美梦，梦见我回到了自己出生的地方。我睁开眼睛时，发现几只狭鼻翼龙正在我的后背上寻找昆虫。

早上总有许多昆虫在我身上休息，因此我的身体变成了狭鼻翼龙的餐桌。能为这些小家伙提供丰盛的早餐，我很高兴。

6月3日

　　我们马门溪龙的体重超过20吨，我们的大腿非常粗壮有力。有时候，我们用后面两条腿站立，去够树梢上的嫩叶吃。不过，两条腿站立我们可坚持不了多久。

　　有肉食性恐龙靠近的时候，我们也会用两
条腿站立，这样会显得特别高大，能起到威慑
作用。有一次，一只四川龙想咬我，结果被我
的大脚踩断了腿，现在走路还一瘸一拐呢！

6 月 12 日

　　我们在吃东西时，许多枝叶掉落到地面上，引来了一群盐都龙。盐都龙个子非常小，和刚出生的马门溪龙差不多大，可以用后肢灵活地行走和奔跑。在他们捡食地上的树叶时，一只年轻的马门溪龙抬起大脚，开始驱赶这些食客，我连忙制止了他。

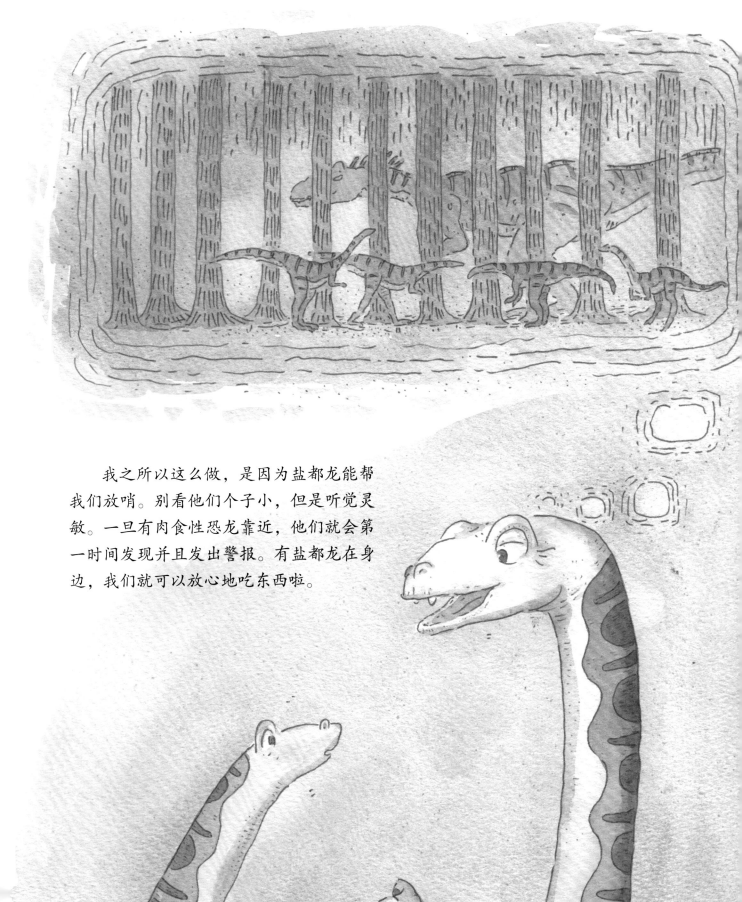

　　我之所以这么做，是因为盐都龙能帮我们放哨。别看他们个子小，但是听觉灵敏。一旦有肉食性恐龙靠近，他们就会第一时间发现并且发出警报。有盐都龙在身边，我们就可以放心地吃东西啦。

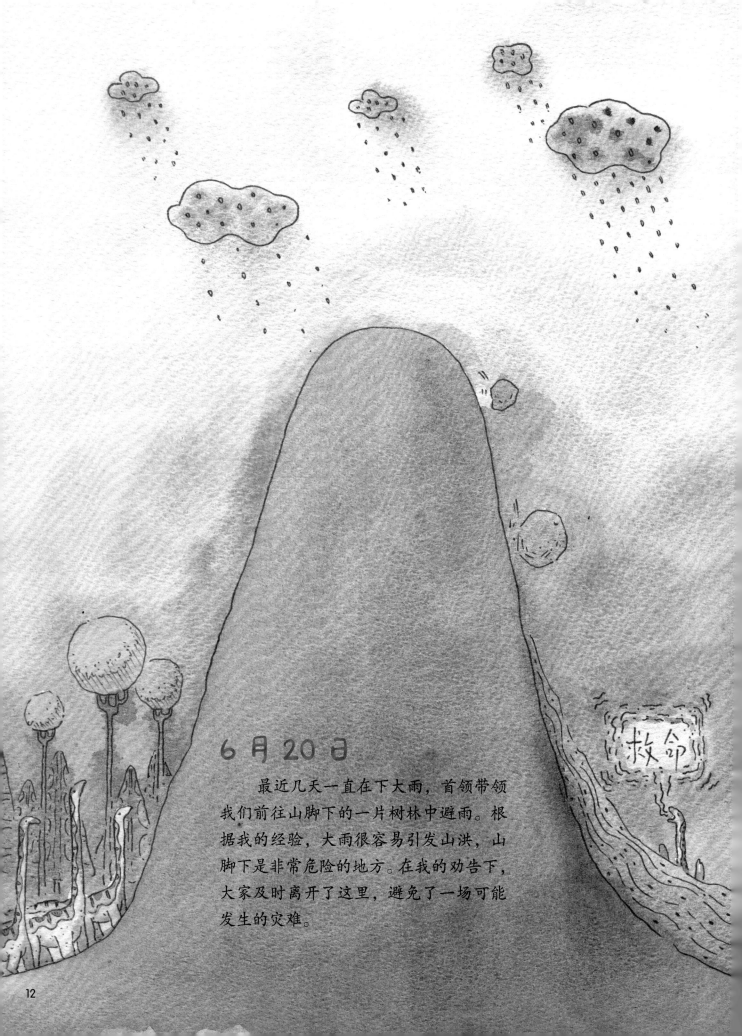

6月20日

最近几天一直在下大雨，首领带领我们前往山脚下的一片树林中避雨。根据我的经验，大雨很容易引发山洪，山脚下是非常危险的地方。在我的劝告下，大家及时离开了这里，避免了一场可能发生的灾难。

7月1日

　　产卵的季节马上就要到了，我们开始向山那边的湖泊前进，那里有我们世代相传的产卵地。我最初的记忆便与那里有关。有一片特别大的水杉林矗立在产卵地旁。

7 月 15 日

　　今天在河边我遇到了另一群马门溪龙。这群马门溪龙的首领让我感到格外亲切，我猜也许他是我的孩子，但我不敢确定。因为我从未见过自己的任何一个孩子。

　　像其他大型蜥脚类恐龙一样，怀孕的雌性马门溪龙到达产卵地后，会挖一个大坑，将蛋生在里面，用沙土将蛋盖住后就离开了。虽然我们也想照顾小宝宝，但是由于个头相差太大，我们根本做不到。

记得当年，我们爬出蛋壳后，没有爸爸妈妈的保护，我们遭遇了各种危险，有的被肉食性恐龙吃掉了，有的在旱季饿死了……我或许是一起出生的小马门溪龙里唯一活到今天的。

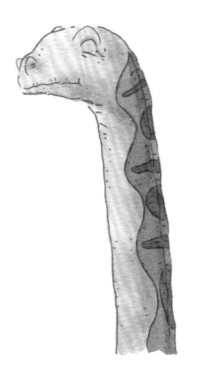

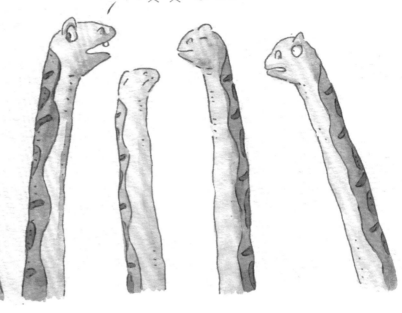

把嫩叶子留给
杨婆婆吃吧。

7 月 18 日

　　我老了，牙口大不如前了，换牙的周期也越来越长。以前非常容易咬断的枝条现在就像石头一样硬，硌得我牙疼。大家都很照顾我，总是把最嫩的叶子留给我这个老太婆，这让我非常感动。

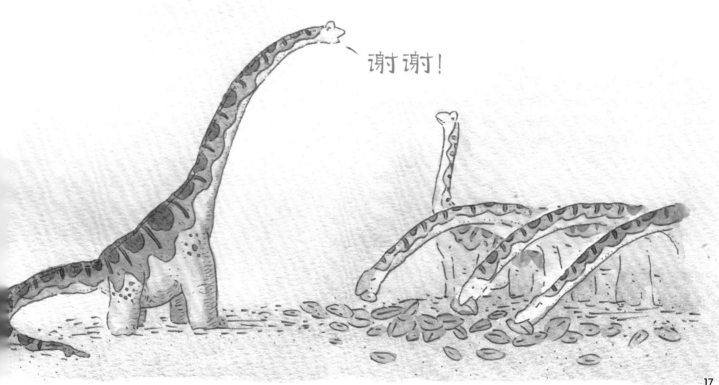

谢谢！

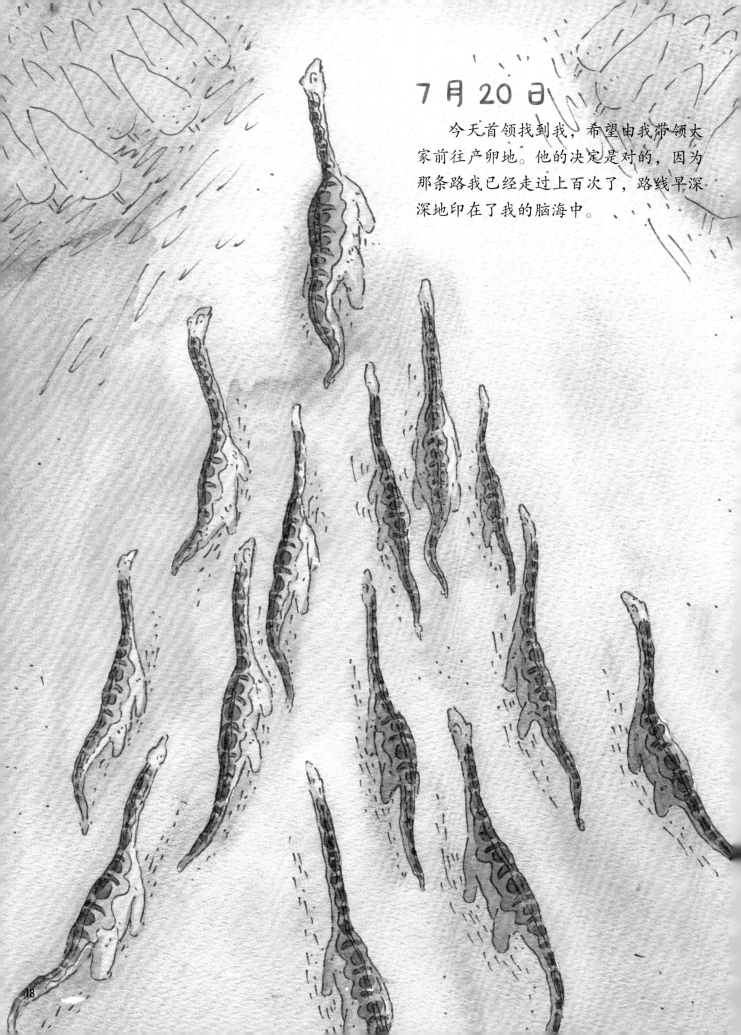

7月20日

今天首领找到我，希望由我带领大家前往产卵地。他的决定是对的，因为那条路我已经走过上百次了，路线早深深地印在了我的脑海中。

7 月 23 日

早晨，我们被四川龙偷袭了。一只年轻的马门溪龙被四川龙咬伤，幸亏我及时召唤了同伴们，将四川龙赶走。我们马门溪龙喜欢群居，在遇到危险的时候能互相帮助，保证彼此的安全。

7月25日

　　今天，我教年轻的马门溪龙如何使用尾巴末端的尾锤。我将一棵小树作为目标，然后用力甩动尾巴。"咔嚓"一声，小树被拦腰打断。年轻的马门溪龙都惊呆了，随即争先恐后地练习起来。

咔嚓！

虽然我们蜥脚类恐龙身体笨重，给人一种行动迟缓、呆头呆脑的感觉，但别以为我们好欺负。你也看到了，我们马门溪龙尾巴上的尾锤有多厉害。

　　傍晚，我们路过一条小溪。在我低头喝水时，几只巨棘龙刚好路过，其中一只巨棘龙惊讶地看着我，不敢相信我竟然还活着。记得我和他第一次见面时，他还是一个刚出生不久的小宝宝呢。

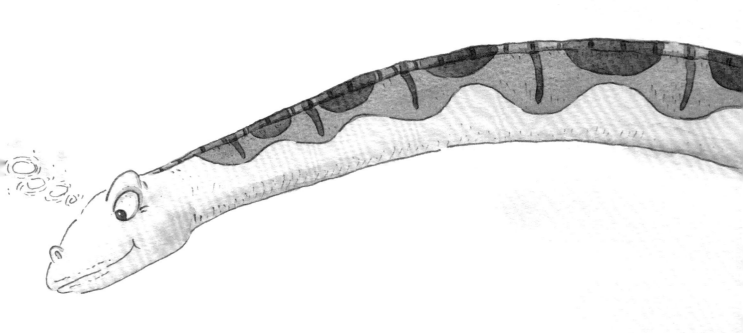

巨棘龙属于剑龙家族，背上有标志性的骨板，尾巴上有防御用的骨刺。与大部分剑龙不同的是，巨棘龙的肩膀上长着巨大的棘状物。这些棘状物可以挡住肉食性恐龙的尖牙利爪，保护巨棘龙的肩膀等身体部位不受伤害。

7月28日

　　由于前段时间一直在下大雨，现在虽然雨停了，但沼泽变成了致命的陷阱。今天我们路过沼泽时，看到一只沱江龙陷了进去，我于心不忍，伸出前腿将他拉了上来。

年纪大了，不仅身体不如以前结实了，我还患上了关节炎，每走一步四肢都会感到疼痛。尽管如此，我还是努力迈开前进的步伐，因为我太想再看一眼产卵地了，那里一直是我魂牵梦萦的地方。

8月2日

　　明天就是我150岁的生日啦。在这150年里，我从未停止生长。我们恐龙和其他动物不一样，我们在青少年时长得最快，成年之后生长速度变缓，但永远不会停止。很多马门溪龙都来问我还有多远才能到达产卵地，我抬起头看到了远处那片高大的水杉林，那里就是产卵地。

8月3日

　　终于到产卵地了。在美丽而平静的湖边，我曾留下了此生中第一个脚印；在青翠的灌木丛中，我第一次吃到了叶子。今天，我再次回到了这里，回到了我生命的起点。在我的周围，许多雌性马门溪龙在忙着挖坑，她们将在这里产卵，孕育出新的生命！

今天正好是我 150 岁的生日，大家为我准备了一个用嫩叶做成的大蛋糕。我用漫长的一生见证了侏罗纪时期四川地区的壮丽和神奇，也见证了种种生命的奇迹。

马门溪龙

马门溪龙最早在四川被发现，因其化石发现于中国四川宜宾马鸣溪而得名——古生物学家杨钟健有口音，研究人员误将"鸣"听成了"门"，故将"马鸣溪龙"错录为"马门溪龙"，并一直沿用下来。

马门溪龙是蜥脚类恐龙。它们虽然不是世界上最大的恐龙，但是脖子最长的恐龙。马门溪龙的脖子竟然占了整个身长的一半！

长脖子、小脑袋的马门溪龙是一群温顺的大家伙，它们以各种植物为食。为了消化纤维粗糙的植物，马门溪龙会吞下一些小石子，以磨碎食物、加速消化。

马门溪龙主要生活在四川，但是在新疆也发现了它们的化石。中加马门溪龙的化石就是在新疆发现的，它们可是目前中国发现的个头最大的恐龙，体长可达 35 米，体重超过 70 吨，是名副其实的侏罗纪巨龙！

以植物为食，嘴中长有勺形的牙齿

脖子超级长，竟然占了
全部身长的一半

尾部长有尾锤，
　　能够击打肉食性恐龙

作者：分死小蛆战·江添
2020.2.12

将此书献给我的光与小天使：李泽慧、江雨橦

——江泓

"我深有体会，集体的力量是强大的，要团结一致。"

杨婆婆

8月3日

图书在版编目（CIP）数据

哎！我是马门溪龙 / 江泓著；十月星辰绘 . —北京：北京科学技术出版社，2022.3
ISBN 978-7-5714-1772-7

Ⅰ. ①哎… Ⅱ. ①江… ②十… Ⅲ. ①恐龙—少儿读物 Ⅳ. ① Q915.864-49

中国版本图书馆 CIP 数据核字（2021）第 171268 号

策划编辑：代 冉 张元耀	电 话：0086-10-66135495（总编室）
责任编辑：金可砺	0086-10-66113227（发行部）
营销编辑：王 喆 李尧涵	网 址：www.bkydw.cn
图文制作：沈学成	印 刷：北京盛通印刷股份有限公司
责任印制：李 茗	开 本：889 mm×1194 mm 1/16
出 版 人：曾庆宇	字 数：28 千字
出版发行：北京科学技术出版社	印 张：2.25
社 址：北京西直门南大街 16 号	版 次：2022 年 3 月第 1 版
邮政编码：100035	印 次：2022 年 3 月第 1 次印刷
ISBN 978-7-5714-1772-7	

定 价：45.00 元